DIESES BUCH GEHÖRT:

_____

SUDOKU-REGELN

**JEDE ZEILE ENTHÄLT DIE ZAHLEN 1 BIS 4 NUR EIN MAL.
ES DARF KEINE ZAHL ZWEI MAL VORKOMMEN.
JEDE SPALTE ENTHÄLT DIE ZAHLEN 1 BIS 4 NUR EIN MAL.
ES DARF KEINE ZAHL ZWEI MAL VORKOMMEN.
DIE ZAHLEN 1 BIS 4 SOLLTEN NUR EIN MAL
IN DEM 2×2 KASTEN ERSCHEINEN.**

	4	3	1
3			
		4	3
4			2

	4	2	3
2	3		
	2		
		3	2

	1		4
	2	1	
1			2
2		4	1

		4	
4			2
			1
1	2		4

4		1	3
	3		4
	4		
3			2

	2		4
		2	1
	1	4	
	4	1	3

	4		1
			2
4	2	1	3
1	3		

4		3	
3		4	1
1	4	2	
		1	

		4	
3		2	
4	3		2
2		3	4

		3	
		2	
1	2	4	3
3	4	1	

	1		2
3		1	
		4	1
1		2	3

2			1
	1		2
3	2	1	
1			3

2	4	1	
1		4	2
		2	
	2		1

1			
4	3		2
	1	2	4
		3	1

2	4		3
3	1	2	
1			2
4			

4	3		1
	4	1	2
2	1	3	

2	4		1
1			4
4			
3	1		2

1	2	4	
3	4		
			4
4	3	1	

1			
4	3		
3	4	2	
	1	4	3

4	1	2	
	2	1	
1	4	3	
	3		

2		3	
1			
	1	2	
4	2	1	3

1	4	3	2
3		1	
		4	1
4			

4	1	2	
		4	1
1	4	3	
3			

3		2	4
	4		1
	2	4	
	3	1	

1	4		
3	2		1
2		1	4
		2	

	1	2	
		1	
	3	4	2
4		3	1

		1	4
	1	3	2
3	4		
1			3

4			1
	2		3
	1		4
3	4	1	

3	2		1
4	1	2	3
		1	4

1	2	3	
3	4		
2		4	
	3		2

3	2	1	4
	1		3
	4	3	1

2	4		1
			2
1			4
4	2		3

2	4		1
			2
1			4
4	2		3

		3	
	4		2
2	3		1
4		2	3

	2		
	4		2
2			4
4	3	2	1

1		4	3
	3	2	
	4	1	2

		3	
2	3		4
3	2		1
4			

			3
	1	2	
1	3		2
2		3	

1			3
4	3		2
		2	
	4	3	

2	4		
		2	
	1	4	2
4		1	3

2			
1		4	3
4	3	2	1

1			
		1	2
	1		3
	4	2	1

	4		1
		3	
1		4	3
4			2

4	1		
2		1	
3	2		1
			2

4			3
3	1		
		4	1
	4	3	

2		3	1
3	1		
1	3	4	

		1	
4			
1	3	4	2
2		3	

		4	2
	4		
		3	1
3	1	2	

3		1	
	1	4	3
	2	3	4

	4	3	
	1	2	4
	3		
4			3

3	2	1	4
1			
		3	
2	3		

1		3	4
	4		
	3	4	1
4			

2		4	
4		1	
	4		1
1		3	

		4	3
	4		2
	2	3	
4		2	

2	4		3
		2	4
4			
1		4	

1		4	3
	3		
3			4
		3	1

1			4
	2		
3	4	1	
	1		3

3		1	
4		2	
		3	
	3	4	1

4	3		2
1		4	
3	1	2	

3	4	1	2
2		4	
4		3	

3			
	2	3	1
			3
1		4	2

	1	2	3
2			
1		3	
		1	2

		1	2
	1	4	3
3	4		1

1		2	
		1	
2			
4	1	3	2

2	1	4	
3	4		
		1	2
	2		

1	4		
	3	1	
			1
	1	2	3

	2	4	1
	4		
4	1		3
	3		

	4		
2	3		
3		2	
	2	1	3

Puzzle 1

4		1	
2	1		
1			3
	2	4	

Puzzle 2

	3	2	1
2			4
	2		3
	4		

2	4	1	
1			4
		3	
	1		2

	1	3	
		2	
3			
1	2	4	3

1			4
	4	3	1
3	1	4	

4		2	
3	1	4	2
		1	3

		2	
		3	4
2	4		
3	1	4	

2			
	4		1
4			
1	2	4	3

1			
3			1
2			4
4	1	2	

	1		
		1	2
4		2	
1	2	3	

1	2		
4		2	
			2
	1	3	4

		3	4
4			1
2			3
		1	2

Grid 1

			4
		3	2
	3	4	
4	1		3

Grid 2

		1	3
1	2		4
4	3	2	

	1		2
			3
1			4
4	3	2	

	4		1
	1	4	3
	3	1	2

3			1
4		1	2
2		4	3

			4
	4	3	
4	2	1	
	1	4	

2	1	3	4
		2	
1			
		1	3

			2
		3	4
1			3
	3	2	1

	1		
		1	4
	4		2
3	2		1

2			1
	4		
4			3
3		1	4

2	1	3	4
4			
		4	
3		2	

			3
		1	2
3		2	1
1			4

	2	1	
3	1	2	
	4	3	1

1			
3	2		
4	3	1	
2			4

		2	
	2	1	4
1			
	3	4	1

2		4	
	4	1	2
			4
	3	2	

4	1		
2	3		4
3	2		
			3

		4	
		4		3
	4		3
3	1	2	
4	2		

1			
4		1	3
3	1		2
		3	

	3	1	
			3
1	2		
3	4	2	

3		1	2
		4	
	3		1
	2		4

1			
3		2	
2	1	3	4
			2

		3	2
2			4
4		2	3
	2		

	3		
1			3
3	2	1	
4			2

3	1	2	
		3	
1			3
4			2

2			
	4	1	2
	3		
1	2	3	

3	4	1	
4		2	
2	3		1

3		2	4
		1	
			2
	2	3	1

	3		1
3	4	1	2
	1	3	

4	1		
	4	3	2
3	2	4	

	3	1	
1	4		2
		2	
3		4	

1			4
	4		1
4	2		3
		4	

			3
3		2	
	3		2
2		3	1

3	1	2	4
	4		1
		4	2

2	3		4
4			
	4	2	3
3			

	1		
4	2		
1		4	2
2			1

1			
4	2		3
3	1	4	2

4		2	
		4	3
			2
3	2	1	

2		3	
1			
4			3
	2	1	4

	2	3	
4			1
		4	2
	4	1	

		2	
2			
4			3
3	1	4	2

			3
3			
4		2	
2	1	3	4

	3		
	1	3	4
1			
	2	4	1

2			4
3	1	4	
4	2	3	

	3		
2	4	1	
4			2
3	2		

3			1
	2	4	3
			4
		1	2

		4	3
4			
1	2	3	
	4	2	

	1	3	4
4	3		
	2		
		1	2

JETZT WIRDS SUPER DUPER SCHWIERIG!

		4	
2			
	1		4
	2	1	

3		1	
4			2
1			
2			

	1		4
	4		2
	2		
	3		

		2	
2		4	
4	1		2

	1		
3		1	
	4	2	
			1

3	4		
2	3		1
	1		

	3		2
		2	3
	2	4	

		1	2
	4	2	
3		4	

4			
3		4	
		3	
		2	4

2			
4	3	1	
			4
	4		

	1		
	3		
3			1
	2	3	

2			
	3		
		3	2
		4	1

4			3
2			4
3			
	4		

	3	1	
			2
1			3
		2	

			1
	4		
4	3	1	
2			

	3	1	
			2
1			3
		2	

VIELEN HERZLICHEN DANK FÜR DEN KAUF DIESES BUCHES.
WIR FREUEN UNS SEHR ÜBER IHRE EMPFEHLUNG.
INDEM SIE EINE POSITIVE REZENSION VERFASSEN,
HELFEN SIE AUCH ANDEREN ELTERN MIT IHRER ERFAHRUNG.

HERAUSGEBER:
HAPPY PAPERS

AYLIN SÖNMEZ
TRIFTSTRABE 53
13353 BERLIN

AUTOREN: MURAT OCAK, AYLIN SÖNMEZ
WWW.HAPPYPAPERS.DE
HALLO@HAPPYPAPERS.DE

INSTAGRAM:
@AYLINSOENMEZ030   @HAPPYPAPERS.DE

www.ingramcontent.com/pod-product-compliance
Lightning Source LLC
Chambersburg PA
CBHW021503210526
45463CB00002B/875